ISSN 0371-327X

SITZUNGSBERICHTE DER SÄCHSISCHEN AKADEMIE
DER WISSENSCHAFTEN ZU LEIPZIG

Mathematisch-naturwissenschaftliche Klasse
Band 114 · Heft 4

BENNO PARTHIER

DIE CYTOLOGISCHE SYMBIOSE AM BEISPIEL DER BIOGENESE VON ZELLORGANELLEN

AKADEMIE-VERLAG · BERLIN
1981

Vorgetragen in der Sitzung am 11. Mai 1979
Manuskript eingereicht am 19. Juni 1979
Druckfertig erklärt am 5. Januar 1981

Erschienen im Akademie-Verlag, DDR-1080 Berlin, Leipziger Straße 3—4

Lizenznummer: 202 · 100/522/81
Gesamtherstellung: VEB Druckhaus „Maxim Gorki", 7400 Altenburg
Bestellnummer: 762 853 2 (2027/114/4) · LSV 1335
Printed in GDR
DDR 6,— M

INHALT

1. Der Symbiosebegriff: Mutualismus und Parasitismus 5
2. Beispiele interzellulärer Symbiose: *Chloronium mirabile* und der Flechtenthallus 6
3. Beispiele intrazellulärer Symbiose: Biosysteme zur Photosynthese und zur Stickstoff-Fixierung 9
4. Der evolutionistische Aspekt in der Symbiose-Idee der Eukaryotenzelle . . . 11
5. Stoffliche Wechselbeziehungen zwischen Zellkompartimenten 13
6. Biogenese der Chloroplasten 16
7. Zum Mechanismus des Transports von Makromolekülen durch Membranen . . 22
8. Literaturverzeichnis 25

1. Der Symbiosebegriff: Mutualismus und Parasitismus

Unter Symbiose verstehen wir nach dem bedeutenden deutschen Botaniker DE BARY (1879) ganz allgemein ein „Zusammenleben ungleichnamiger Organismen“. Eine solche Assoziation kann antagonistischen, mithin parasitären Charakter aufweisen; ein Partner existiert auf Kosten des oder der anderen. Sie kann jedoch auch mutualistisch ausgeprägt sein; hier erweisen sich die Partner gegenseitig stoffwechselphysiologische oder andere Dienste. Im Grunde mag man Mutualismus als einen wechselseitigen Parasitismus bezeichnen, bei dem sich beide Partner ausnützen. Reiner Parasitismus und reiner Mutualismus sind sicherlich Grenzfälle, dazwischen gibt es eine kontinuierliche Reihe von Übergängen in der Natur der Symbioseerscheinungen, die sich alle durch ein dynamisches Gleichgewicht im Widerspiel von Wirkung und Gegenwirkung der Partner auszeichnen, so daß der Anschein von Stabilität und Einklang entsteht. Dieses Gleichgewicht ist oft im Verlaufe der Symbiose Wandlungen unterworfen, besonders wenn ein Partner geschwächt wird. Leicht geht dann die vorteilhafte Interessengemeinschaft in einseitige Ausbeutung über, die mit dem Tode des schwachen Partners endet.

Andererseits mögen im Zuge der Evolution morphologische Modifikationen und physiologische Integration des Symbionten im Wirtsorganismus oder in der Wirtszelle in einem Grade stattgefunden haben, der den Eindringling nicht mehr als Fremdkörper erkennen läßt. Diese Möglichkeit wirft die Frage nach dem Ursprung der Zellstrukturen in den heute existierenden Organismen auf (vgl. u. a. METZNER 1973).

Voraussetzung für das Zustandekommen einer Symbiose scheint eine komplementäre, spezifische „Schuld“ im Stoffwechsel des einen Partners zu sein, die durch Bereitstellung bestimmter Nähr- und Wirkstoffe durch den anderen Partner getilgt wird. Aber auch das morphologische Moment, ein räumliches Zueinanderpassen, darf nicht unberücksichtigt gelassen werden, obgleich nachträgliches strukturelles Verändern der Symbiosepartner die Regel zu sein scheint. Das biologische Wechselspiel gerät schließlich unter ein Kontrollsystem, das über den Genbestand und die Genausprägung von Wirt und Symbiont, zwischen den Partnern und in Verbindung mit den Signalen der Umwelt zum Integrationsfaktor wird, der die Symbiose über kürzere oder lange Zeit und über viele Generationen aufrecht erhält. Hier liegt noch ein weites, weitgehend unbeackertes Forschungsfeld für Biologen aller Schattierungen.

Schematisch betrachtet (Abb. 1) kann man sich die Ausprägung einer Symbiose in folgenden Stufen vorstellen: Anlagerung der Symbionten an die Wirtszellen als Erkennungsprozeß zwischen den Partnern, Eindringen in extrazelluläre Bereiche des Wirts (Blatthöhlen, Interzellularräume, tierischer

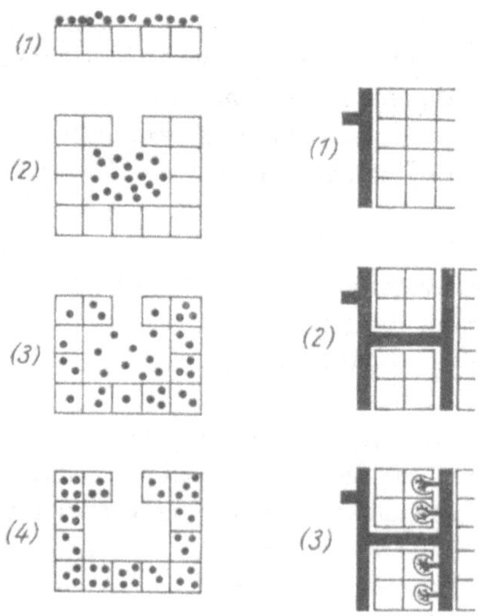

Abb. 1. Schematische Darstellung der Stufen zur Ausprägung einer Symbiose an den Beispielen einer einzelligen kugelförmigen Alge in einem mehrzelligen Organismus (links) und das Eindringen einer Pilzhyphe in eine Wurzel (rechts). (Nach SMITH (1979), verändert)

Verdauungstrakt), Aufnahme in die Zellen. Symbioseausprägung ist demnach eine zunehmende und wahrscheinlich stufenlose morphologische, physiologische und in manchen Fällen auch genetische Durchdringung des ehemals extrazellulären Partners mit der Wirtszelle bzw. dem Wirtskörper.

2. Beispiele interzellulärer Symbiosen: *Chloronium mirabile* und der Flechtenhallus

Ein Beispiel reversibler mutualistischer Symbiose, auch als Parabiose bezeichnet (SCHAEDE 1962), wurde 1913 von JOHANNES BUDER beschrieben, dem ehemaligen Mitglied unserer Akademie und jenem meiner akademischen

Lehrer, dem ich erste „botanische Gehversuche" verdanke. *Chloronium mirabile*, ein mikroskopisch kleines, aber mehrzelliges Wesen, besteht aus einem zentralen, farblosen, polar begeißelten Bakterium von spindelförmiger Gestalt, das von einem Mantel aus etwa 1 μm kleinen grünen Bakterienzellen umgeben ist, die offenbar an der gallertigen Hülle des Zentralstäbchens haften. BUDER bezeichnete den Komplex aus den beiden heterogenen Komponenten als Konsortium aus „Assimilatoren" und „Lokomotoren" und wollte damit den besonderen Typus dieser Symbiose andeuten, deren grüne Partner mittels Chlorophyll zur Photosynthese und damit zur Sauerstoffversorgung der heterotrophen Zentralzelle befähigt wären, diese andererseits den Zellverband zum oder vom Licht bewegen könnte. (Die naheliegende Folge einer Reiztransmission vom Licht über Chlorophyll zur photosynthetischen Ausscheidung von Sauerstoff und dessen Diffusion zur Zentralzelle, worauf diese mit Geißelbewegung bzw. -stillstand reagiert, ist m. W. jedoch nie nachgewiesen worden.) Der Begriff des Konsortiums war vor allem deshalb gewählt worden, weil die Partner trotz synchroner Zellvermehrung durchaus in der Lage sind, unabhängig voneinander zu existieren, wenn eine Desaggregation durch mechanischen oder physiologischen Eingriff stattgefunden hat.

An Hand der Flechten, deren Symbiosepartnerschaft aus Algen und Pilzen zu neuen morphologischen und physiologischen Ausdrucksformen führt, soll demonstriert werden, welche Wechselbeziehungen sich auszubilden vermögen in einem gemeinsamen „Organismus" aus sehr verschiedenen Arten. Flechten gelten als ein Paradebeispiel extrazellulärer Symbiose. Da die zu autotropher Lebensweise befähigten Algen der Pilzgemeinschaft nicht bedürfen, übernehmen die saprophytisch lebenden Pilze wohl die aktive Rolle, um eine für sie günstige Gemeinschaft herbeizuführen, in der sie sich zwischen Gelegenheitsparasiten und Vollschmarotzern einordnen lassen; denn im Gegensatz zu den Flechtenalgen sind die meisten Flechtenpilze in isoliertem Zustand nicht lebensfähig.

In einem blattartigen Thallus existieren Algenzellen und Pilzfäden nebeneinander. Die Algen werden von den Pilzen umsponnen (Abb. 2), aber nur selten penetrieren die normalen Pilzhyphen die Algenzellen. Dagegen werden besondere Saughyphen (Haustorien) in die Algenzellen gesandt oder mittels knopfartig verdickter Hyphenenden (Appressorien) an der Algenoberfläche festgesaugt (Abb. 2). Die viel häufiger vorkommenden Haustorien enden in der Zellmembran oder können bis ins Zellinnere vorstoßen. Gelegentlich gelingt es der Alge, die Eindringlinge durch Membranumhüllung abzukapseln, aber in der Regel werden auf dem Diffusions- oder Saugwege Syntheseprodukte der Alge, insbesondere Kohlenhydrate aus der Photosynthese, vom Pilz übernommen. Bei *Xanthoria parietina*, unserer häufigsten an Felsen wachsenden Flechte genügt es, wenn 20% der Algenoberfläche von Pilzhyphen bedeckt sind, um den Pilz optimal zu ernähren (SMITH 1979). Andererseits soll der Pilz zur Wasser- und

Mineralversorgung der Alge beitragen, obgleich ein Mineraltransport vom Pilz zur Alge umstritten ist. Übrigens vermag die Alge den Assimilationskohlenstoff sehr schnell und effektiv selbst zu nutzen, wenn sie vom Symbiosepartner getrennt wird (Abb. 3). Diese Umsteuerung ist bezüglich der neu synthetisierten Mono- und Polysaccharide nicht nur quantitativer, sondern auch qualitativer Natur.

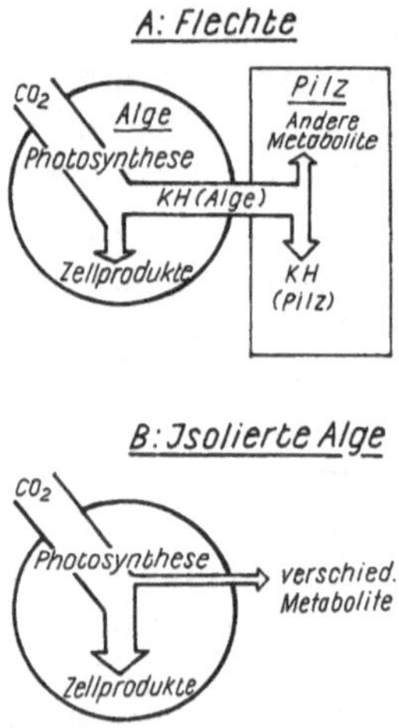

Abb. 3. Einfluß der Symbiosepartner in der Flechte *Peltigera aphtosa* auf die Kohlenhydratverteilung durch die photosynthetisch aktive Alge (*Coccomyxa*).
A, Abgabe der Kohlenhydrate an den Pilz in der Flechtengemeinschaft; B, Verwertung der Kohlenhydrate nach Isolierung der Alge vom Pilz. KH, Kohlenhydrate. Nach SMITH (1979), verändert.

Es ist möglich, Flechten aus bestimmten Algen und Pilzen experimentell zu erzeugen. Selten wird eine freiwillige Trennung der Flechtenthalli in ihre Algen- und Pilzbestandteile beobachtet, z. B. wenn der Nährboden reich ist und gutes Pilzwachstum erlaubt. Flechten kommen besonders dort vor, wo der Flechtenpilz für ihn ungünstige Lebensbedingungen wie Trockenheit antrifft. Sie mögen daher symbiontische „Notgemeinschaften" (SCHAEDE 1962) darstellen. Gegen solche Auffassungen sprechen neuere Befunde, wonach das Flechtenwachstum auch bei optimaler Ernährung nur wenig gesteigert wird. Das langsame Gedeihen der Flechten in nährstoffarmen Biotopen wäre somit nicht als eine Folge der Umwelteinwirkung, sondern als zellphysiologische Eigenarten der Symbiosepartner aufzufassen.

3. Beispiele intrazellulärer Symbiose: Biosysteme zur Photosynthese und zur Stickstoff-Fixierung

Die aus dem Pflanzenreich vorgestellten Beispiele assoziativen, inter- oder extrazellulären Zusammenlebens finden in intrazellulären Symbiosen Fortsetzung bzw. Vertiefung. Der eine Partner, in der Regel ein einzelliger oder der doch wesentlich kleinere, wird in die Zelle(n) des Wirts aufgenommen und daraufhin in einem Maße verändert, daß er außerhalb dieser neuen Umgebung nur noch schlecht zu existieren vermag oder zu einer besonderen Stoffwechselleistung fähig ist.

Eindeutig intrazelluläre Symbiosen sind lange bekannte Erscheinungen wie die durch *Chlorella*-Algen grün gefärbte *Hydra* oder das Pantoffeltierchen (*Paramaecium bursaria*). Blaualgen existieren in einer Reihe sonst bleicher Zellen wie *Cyanophora paradoxa* (Trench et al. 1978), wo sie als Cyanellen bezeichnet werden, ebenfalls in *Glaucocystis nostochinearum* (Schnepf and Brown 1971), sowie in einer Reihe anderer sog. Endocyanosen (Pascher 1929, Schenk 1977) oder in Zellen höherer Pflanzen wie *Gunnera* (Abb. 4; vgl. Neumann et al. 1970). Es gibt Mitteilungen, wonach intakte Chloroplasten symbiontisch in bestimmten Mollusken des Meeres existieren (Trench 1975). Sie stammen aus Algen, deren Plasma von den Mollusken verdaut wird, aber die übriggebliebenen Chloroplasten erhalten über einige Monate ihre Struktur und photosynthetische Funktion in Zellen des Verdauungstrakts.

In vielen Fällen sind die Algen oder quasi-Organellen durch Einschluß in eine von der Wirtszelle gebildeten Membran oder in eine Vakuole vom Rest der Zelle abgetrennt (Abb. 4), wodurch wahrscheinlich Schutz vor zerstörerischen Wirtsenzymen erreicht wird. Diese Symbionten sind durch ihre Ausstattung mit Pigmenten, Membranen und Enzymen zur Photosynthese und CO_2-Fixierung in der Lage, den Wirtszellen wichtige Nährstoffe in Form von Assimilaten zur Verfügung zu stellen.

Eine andere Gruppe wirtschaftlich wichtiger Symbiosen ist jene zwischen stickstoffbindenden Bakterien oder Blaualgen in den Zellen und Organen höherer Pflanzen. Am intensiv untersuchten Beispiel der Knöllchenbakterien in Leguminosenwurzeln (Abb. 5) möchte ich die enge intrazelluläre Arbeitsteilung zwischen Mikrobe und Pflanzenwirt aufzeigen (vgl. Parthier 1978c, Beringer et al. 1979).

Frei im Boden lebende *Rhizobium*-Arten sind zur N_2-Assimilation nicht in der Lage. Erst nach einem komplizierten Mechanismus gegenseitiger Erkennung (s. S. 23) und der nicht weniger dramatischen Aufnahme und Translokation der Bakterien durch Wurzelhärchen in die Wurzelrindenzellen beginnt eine noch wenig aufgeklärte Serie von Wechselwirkungen, die in der Ausbildung der N_2-fixierenden Symbiose gipfelt. Während die Wurzelzellen auf bakterielle Reize hin zur Knöllchenbildung angeregt proliferieren, beginnen die Bakterien sich morphologisch zu verändern, zu wachsen und sich in Bakteroide zu differenzieren, die von Membranen der Wirtszelle eingekapselt werden. Parallel zu dieser morphologischen Umstimmung variieren die Bakterien ihren Stoffwechsel. Die Synthese eines Enzymkomplexes (Nitrogenase)

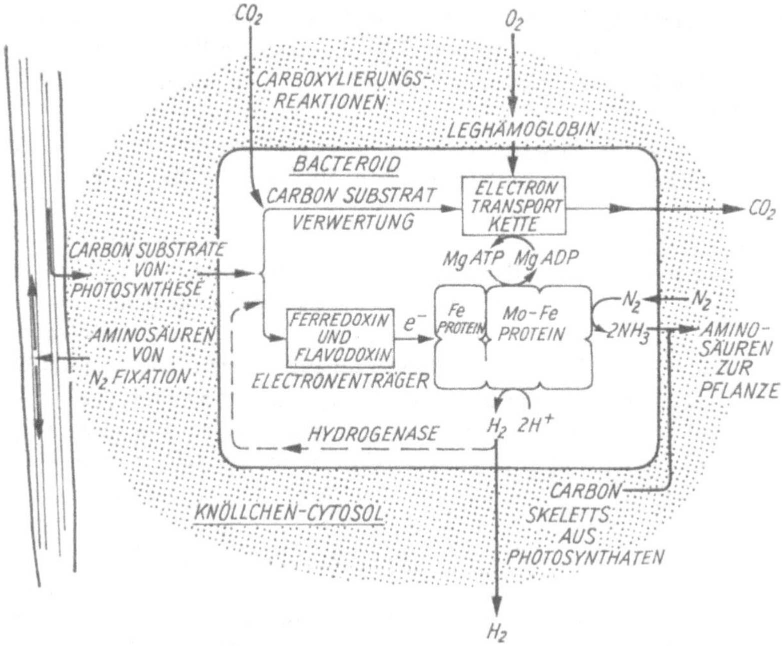

Abb. 6. Übersicht über die biochemischen Wechselbeziehungen zwischen Wirt und *Rhizobium*-Bakteroid bei der Stickstoff fixierenden Symbiose. Einzelheiten im Text. (Aus EVANS und BARBER (1977))

wird induziert, mit dessen Hilfe der Stickstoff der Luft gebunden und in Ammoniak überführt wird. Die Nitrogenase-Produktion ist eine Leistung des Bakteriums, aber Aminosäurebildung aus NH_3, Proteinsynthese, sowie die gesamte Kohlenhydratversorgung im Symbiosesystem übernimmt die Wirtszelle (Abb. 6).

Die Partnerschaftsbeziehungen in der Leguminosen-*Rhizobium*-Symbiose wechseln im Verlaufe der Pflanzenentwicklung. Anfangs erhalten die Bakterien ihren Nahrungsbedarf vom Pflanzenkeimling, dem daraus unter normalen Bedingungen kein Nachteil erwächst. Diese Phase eines toleranten Parasitismus wird mit einsetzender N_2-Fixierung abgelöst und geht in die Phase eines „Allelo-Parasitismus“ über, in dem die Wirtszelle vom reichlicher fließenden Stickstoffangebot profitiert. Später schlägt die Beziehung um in einen intoleranten Parasitismus seitens des Wirts, wobei die Bakteroide der Knöllchen teilweise abgebaut und verdaut werden.

Ein weiteres interessantes Detail dieses Symbiosebeispiels liefert die Tatsache, daß der Globin-Anteil eines rot gefärbten Leghämoglobins, welches wie eine Sauerstoff abschirmende Proteinhülle den extrem O_2-empfindlichen Nitrogenase-Komplex schützt, von den Wurzelzellen synthetisiert wird. Der diese Synthese regulierende Häm-Bestandteil des roten Chromoproteins wird jedoch in den Bakterien gebildet (CUTTING and SCHULMAN 1971, VERMA and BAL 1976). Leghämoglobin ist gemeinsames Produkt der symbiontischen Wechselbeziehungen und ein besonders eindrucksvolles Beispiel für eine effektiv regulierte Kooperation auf genetischer und subzellulärer Ebene.

4. Der evolutionistische Aspekt in der Symbiose-Idee der Eukaryotenzelle

Das Beispiel der Knöllchenbakterien hat gezeigt, daß eine intrazelluläre Kooperation nicht nur in der Nährstoffproduktion, sondern auch in der Übernahme der Synthesen von Symbiontenbestandteilen durch die Wirtszelle während der pflanzlichen Ontogenese neu erworben werden kann, ja muß. Es erhebt sich daher die Frage, ob Bestandteile von Tier- und Pflanzenzellen möglicherweise auf symbiontische Vorläufer zurückzuführen sind, aus denen sie während einer Milliarden von Jahren dauernden Evolution bzw. Coevolution hervorgegangen und zu untrennbaren funktionellen Strukturen der Eukaryotenzellen geworden sind. Dies trifft besonders auf jene Kompartimente zu, die eine doppelte Hüllmembran, eigene genetische Substanz (DNA) und einen eigenen Apparat zur Genausprägung (Transkription, Translation) besitzen, also Mitochondrien und Chloroplasten.

Es gibt mindestens zwei vieldiskutierte Hypothesen zur phylogenetischen Entstehung dieser Zellorganellen (vgl. z. B. PARTHIER 1975 und 1979, TAYLOR 1976, BÖRNER and HAGEMANN 1976, SCHWEMMLER 1979), die wir hier nicht weiter verfolgen wollen, obgleich eine davon, die Endosymbionten-Hypothese, sehr eng mit unserer Thematik verbunden ist. Sie geht in vereinfachter Darstellung davon aus (MARGULIS 1970), daß Mitochondrien aus präkambrischen aeroben Bakterien und Chloroplasten aus Ur-Blaualgen entstanden seien, die vor Jahrmillionen von urtümlichen Proto-Eukaryotenzellen aufgenommen und nachfolgend zu essentiellen Zellbestandteilen integriert worden wären; denn die eukaryotische Zelle ist auf die Energieversorgung durch die Mitochondrien (Atmung) und Chloroplasten (Photosynthese) angewiesen. Tatsäch-

Tabelle 1

Vergleich einiger biochemischer und molekularbiologischer Kenngrößen zwischen Prokaryoten, Mitochondrien, Chloroplasten und dem nucleo-cytosolischen Kompartiment der Eukaryoten. Nach PARTHIER (1975, 1979) und SITTE (1978).

Kenngröße		Prokaryoten	Mitochondrien	Chloroplasten	Nucleo-Cytosol
DNA:	Menge (g/Zelle bzw. Organelle)	10^{-15}	10^{-15}	10^{-15}	10^{-11}
	zirkuläre Konformation	+	+	+	–
	membrangebunden	+	+	+	–
	„Intron"-Sequenzen	–	(+)	(+)	+
	Repetitive Sequenzen ($n > 10$)	–	–	–	+
	Histone	(+)	–	–	+
RNA:	Transkriptionshemmung	Rifam.	Rifam.	Rifam.	α-amanitin
	3'Poly(A)-mRNA	–	(+)	(+)	+
	5'm^{7}G-mRNA („cap")	–	–	–	+
	mRNP-Partikel	(+)	–	–	+
Ribosomen:	Größenklasse (S-Wert)	70	70	70	80
	Ribosomen-RNA (S-Werte)	23/16/5	v	23/16/5	25–28/18/5.8
	Ribosomen-Proteine (Zahl)	50–60	?	∼ 50	70–80
	Initiator-tRNA	F-met $tRNA_F$	F-met $tRNA_F$	F-met $tRNA_F$	met-$tRNA_F$
	Initiationsfaktoren	IF 1–3	IF 1–3	IF 1–3	eIF 6–7
	Elongationsfaktoren	EF 1–3	EF 1–3	EF 1–3	eEF 1–3
	Proteinsynthese-hemmung	Chloramph.	Chloramph.	Chloramph.	Cycloheximid
Microtubuli (Actin, Tubulin)		–	–	–	+
Membranen:	Cardiolipin	+	+	+	–
	Sterollipide	–	–	–	+
Zellwand:	Murein	+	0	0	–

v, variabel; 0, nicht zutreffend; in Klammern: unsicher oder selten auftretend; Rifam. = Rifamycin; F-met $tRNA_F$ = Formyl-Methionin gebunden an eine spezifische Initiator-Transfer-RNA ($tRNA_F$).

lich bestehen zwischen Mitochondrien, Chloroplasten und prokaryotischen Bakterien bzw. Blaualgen große Ähnlichkeiten besonders in der genetisch-biosynthetischen Ausstattung. Sie sind den entsprechenden Bestandteilen des nucleo-cytoplasmatischen Kompartiments völlig unähnlich (Tab. 1).

Dieses Phänomen war Ausgangspunkt zu einer intensiven Bearbeitung der Frage, welche Bestandteile der Mitochondrien und Chloroplasten von den Organellen selbst produziert und welche vom umgebenden Cytoplasma gebildet und danach importiert sein müßten, um die Organellen funktionsfähig zu machen oder funktionsfähig zu erhalten.

5. Stoffliche Wechselbeziehungen zwischen Zellkompartimenten

Ganz allgemein impliziert intrazelluläre Symbiose Substanztransport zwischen Zellräumen untereinander, sowohl bezüglich der niedermolekularen Metabolite aus energieliefernden Prozessen oder anderen Stoffwechselvorgängen als auch bezüglich makromolekularer Genprodukte zum Aufbau der Zellorganellen, also Nucleinsäuren, Proteine, Lipide.

Zur Illustration des Transports von Stoffwechselprodukten zwischen membranumschlossenen Kompartimenten mag der photorespiratorische Glykolatweg dienen, der sich zwischen Chloroplasten und Peroxisomen abspielt und über das Cytoplasma auch die Mitochondrien einbeziehen kann. Im elektronenmikroskopischen Bild kann man Chloroplasten und Peroxisomen mit enger Berührung ihrer Begrenzungsmembranen finden (Abb. 7). Biochemisch-analytische Befunde einiger Laboratorien haben zu dem in Abbildung 8 aufgezeichneten Schema des Stoffaustausches geführt: Im Licht produziert das Schlüsselenzym des CO_2-Reduktionszyklus im Chloroplasten, die Ribulose-bisphosphat-Carboxylase/Oxygenase, neben Zuckerphosphaten auch Glykolatphosphat, das nach Dephosphorylierung in Peroxisomen exportiert, dort zu Glyoxylat oxidiert und dieses wiederum zu Glycin transaminiert wird. Glycin verläßt das Peroxisom, kann in Mitochondrien zu Serin umgewandelt werden und über Hydroxypyruvat in Glycerat übergehen, welches schließlich in die Chloroplasten transportiert und in phosphorylierter Form wieder in den Calvin-Zyklus einbezogen wird.

Ähnliche Stoffaustausche zwischen anderen Kompartimenten und besonders zwischen Cytosol und Organellen ließen sich für viele andere Substanzen aufzeigen. Wir wollen uns jedoch dem biogenetischen Aspekt intrazellulärer Wechselwirkungen zwischen den Kompartimenten zuwenden und speziell die gegenseitigen Beziehungen zwischen Zellkern, Cytosol und Organellen bei der Biogenese von Chloroplasten betrachten, dem charakteristischsten Bestandteil aller grünen Pflanzenzellen. Die Biogenese der Mitochondrien folgt grundsätzlich ähnlichen Gesetzen; gewisse quantitative Unterschiede ergeben sich aus der stärker reduzierten Semiautonomie dieses Organellentyps. Chloroplasten und Mitochondrien haben mit allen Organellen gemeinsam, daß sie nicht *de novo* entstehen können; sie entwickeln sich aus bereits vorhandenen Vorläufern oder gehen aus der Teilung funktionsfähiger Organellen hervor.

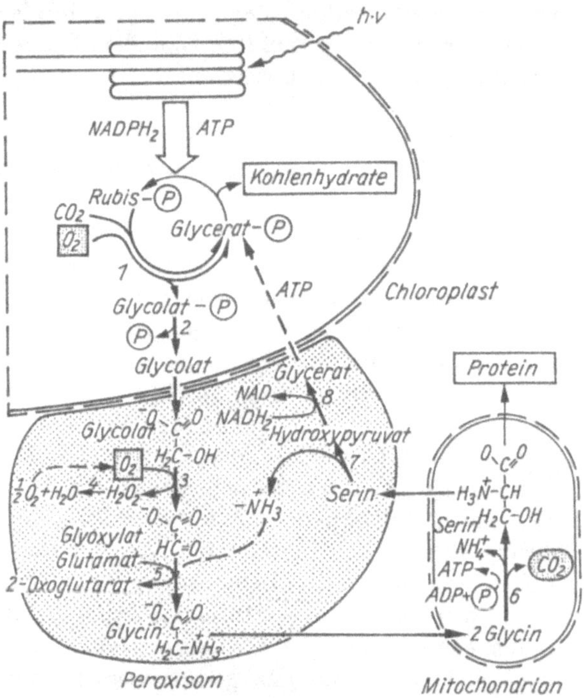

Abb. 8. Beziehungen des intrazellulären Stofftransports zwischen Chloroplast, Peroxisom, Cytosol und Mitochondrion im photorespiratorischen Glykolatweg („Lichtatmung").
Einzelheiten im Text. (Aus MOHR u. SCHOPFER (1978))

Dagegen werden die mit einfachen Membranen umschlossenen Kompartimente der Zelle wie Mikrobodies (Peroxisomen, Glyoxysomen, Oleosomen), Lysosomen, Golgi-Apparat und andere Gebilde durch Abschnürung, Einstülpung, Knospung, Transport und Fusion von Membranteilen regeneriert (Abb. 9). Sie können teilweise ineinander übergehen (MATILE 1975, SCHOPFER et al. 1976) und stellen rein cytosolische, DNA-freie Kompartimente dar, deren spezifische Funktionsträger im Inneren *de novo* außerhalb gebildet werden müssen. Eine detaillierte Untersuchung der Biogenese von Peroxisomen hat ergeben (Goldman und Blobel 1978), daß neue Membranproteine an membrangebundenen Polyribosomen, die enzymatische Ausstattung jedoch an freien Polyribosomen entstehen in einer konzertierten Abfolge, die neben der Regulation bei Informationsabgabe und Genexpression auch physikochemische Vorgänge der „Molekülerkennung", also Wechselwirkungen zwischen alten und neuen Makromolekülen einschließt.

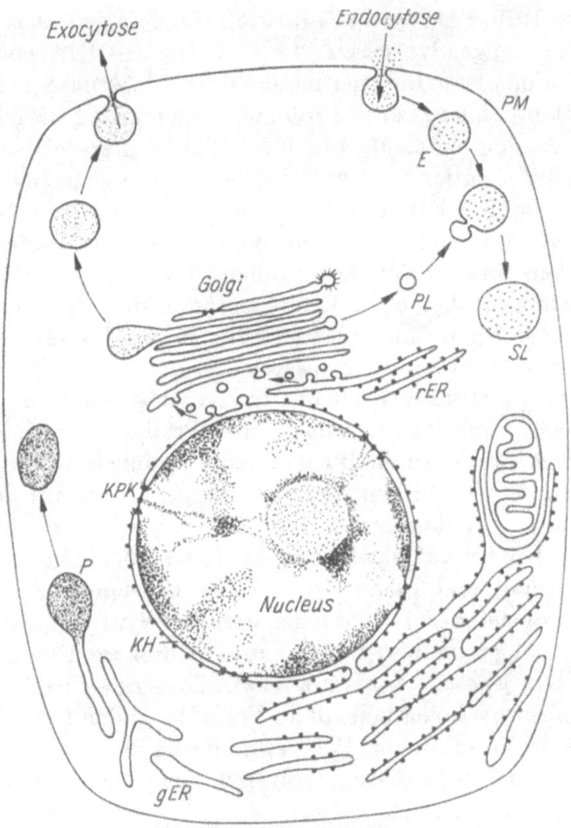

Abb. 9. Schematische Darstellung von Membrantransformationen und -fusionen in einer (tierischen) Zelle.

E, Endosom; gER, glattes Endoplasmatisches Reticulum; rER, rauhes Endoplasmatisches Reticulum; KH, Kernhülle; KPK, Kernporenkomplex; P, Peroxisom; PL, primäres Lysosom; PM, Plasmamembran; SL, sekundäres Lysosom. (Nach Wunderlich (1978) wenig verändert)

6. Biogenese der Chloroplasten

Die Ergebnisse der letzten Jahre, darunter unsere eigenen, haben gezeigt, daß die Ribonucleinsäuren der Chloroplasten als primäre Genprodukte an der Organellen-DNA gebildet werden, während die Synthesen plastidenspezifischer Proteine und anderer sekundärer Genprodukte sowohl innerhalb wie außerhalb der Chloroplasten ablaufen (BÖRNER und HAGEMANN 1976, ELLIS 1977, PARTHIER et al. 1975, PARTHIER 1976, 1978a, b). Infolgedessen wird genetische Information für einige Synthesen in der Plastiden-DNA codiert vorliegen, und die Translation dieser Information (aus der Nucleotidsequenz einer mRNA in die Aminosäuresequenz eines Proteins) findet an Chloroplasten-Polyribosomen statt. Analog entsteht aus im Zellkern gespeicherter Information mRNA, deren Information an Cytosol-Ribosomen abgelesen und in Proteine übersetzt wird, die ihre Funktion im Chloroplasten ausüben. Nur diese Kombination erfordert intrazellulären Transport von Genprodukten des Zellkerns in die Organellen und ist für die Symbiose-Idee besonders interessant. Sie wird noch verstärkt, aber auch komplizierter durch die Tatsache, daß die meisten funktionsfähigen Chloroplastenproteine aus Untereinheiten aufgebaut sind, von denen ein Teil im Chloroplasten, der andere im Cytoplasma synthetisiert wird. Zur genetischen Kontrolle der Synthesen kommt eine postgenetische Kontrolle („Funktionalisierung") ihrer Produkte, wenn die Polypeptidketten zu aktiven Proteinen modifiziert und koordiniert werden.

Paradebeispiel ist die Biosynthese des bereits erwähnten Schlüsselenzyms des Calvin-Zyklus, Ribulose-bisphosphat-Carboxylase, deren Grundzüge von ELLIS und Mitarbeitern aufgeklärt wurden (ELLIS 1977, HIGHFIELD und ELLIS 1978, BARRACLOUGH und ELLIS 1979). Einer Erzeugung der großen Untereinheit an Chloroplasten-Polyribosomen steht die Synthese der kleinen Untereinheit im Cytosol gegenüber, wobei von den drei in Abb. 10 angedeuteten Möglichkeiten nur jene (2.) Variante verwirklicht zu sein scheint, bei der die kleine Untereinheit als höhermolekulare Vorstufe an den freien Polyribosomen entsteht. In dieser Form soll das Polypeptid durch die Doppelhülle der Chloroplasten transportiert und dabei proteolytisch zur endgültigen Größe reduziert werden (HIGHFIELD and ELLIS 1978).

Es scheint klar, daß dieser Modus der Installation von extraplastidär gebildeten Chloroplastenproteinen allgemeinere Bedeutung besitzt, z. B. auch für die Bausteine der Photosynthesemembranen (Thylakoide) gilt. Einige Arbeitsgruppen (HOOBER und STEGEMANN 1976, MACHOLD und AURICH 1972, OHAD 1975) und wir selbst (LIEBERS und PARTHIER 1974) haben mittels radioaktiv markierter Aminosäuren und Verwendung spezifischer Proteinsynthese-Inhibitoren nachweisen können, daß die ca. 15 Banden von Thylakoid-

Tafel I

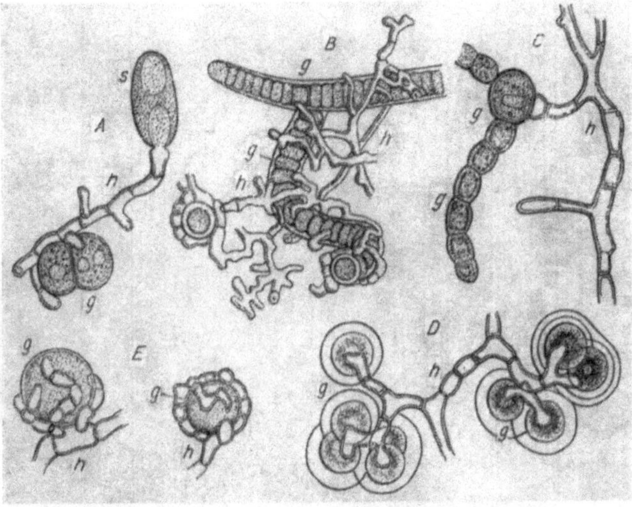

Abb. 2. Symbiose zwischen Pilzen und Algen in verschiedenen Flechten.
Haustorien sind in A und C zu erkennen, Appressorien in D. (Aus SACHS (1887))

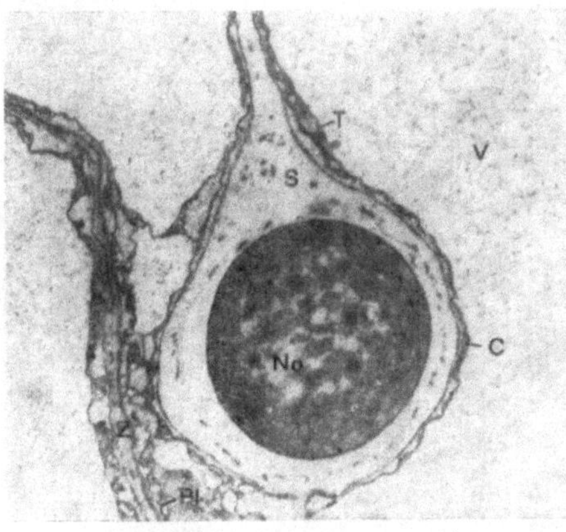

Abb. 4. Intrazellulär lokalisierte Blaualge (*Nostoc punctiforme*) im Rhizom von *Gunnera chilensis*.

No = Nostoc-Zelle; S = Schleimhülle der Blaualge; C = Cytoplasma der Wirtszelle; T = Tonoplasten-Membran; Pl = Plasmalemma; V = Vakuole; Z = Zellwand. Elektronenmikroskopische Aufnahme, Endvergrößerung 13600fach. Fixiert in Glutaraldehyd-OsO_4. (Original von Dr. D. NEUMANN freundlicherweise zur Verfügung gestellt)

Abb. 5. Knöllchenbildung an den Wurzeln der Lupine, hervorgerufen durch *Rhizobium lupini*.
(Original Verfasser)

Tafel III

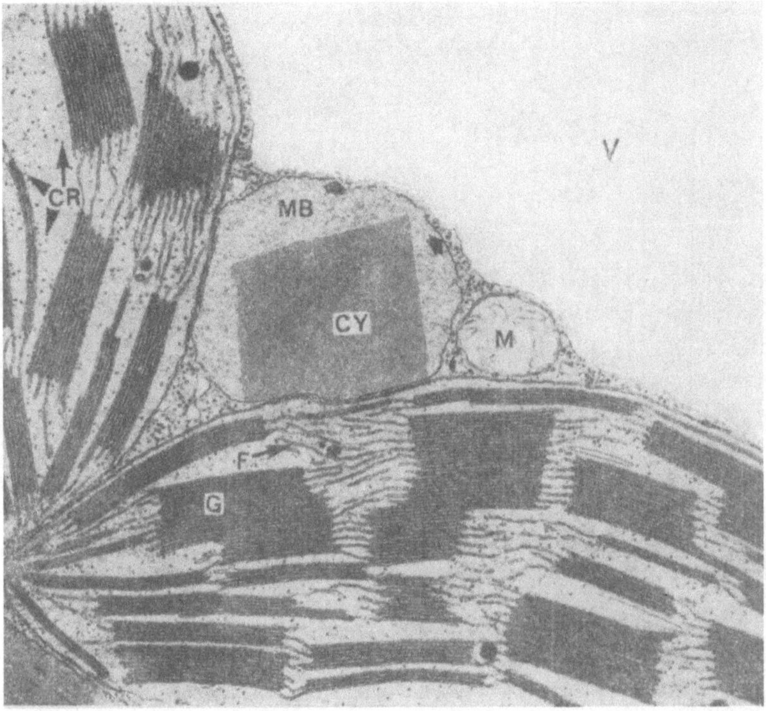

Abb. 7. Assoziation von Chloroplast und Peroxisom in einem Tabakblatt. CR, Ribosomen; Cy. Kristall; F, Stroma-Thylakoide; G, Grana-Thylakoide; M. Mitochondrion; MB, Mikrobody. (Aus GUNNING u. STEER (1977))

proteinen, die man nach Gelelektrophorese getrennt erhält, etwa je zur Hälfte im Chloroplasten (Chloramphenicol-sensitiv) und im Cytosol (Cycloheximid-sensitiv) synthetisiert werden. Die Proteinverteilung in einer neu synthetisierten Photosynthesemembran wird durch beide daran beteiligte genetische Systeme, Plastom und Genom, bestimmt. Biosynthese und Wachstum der

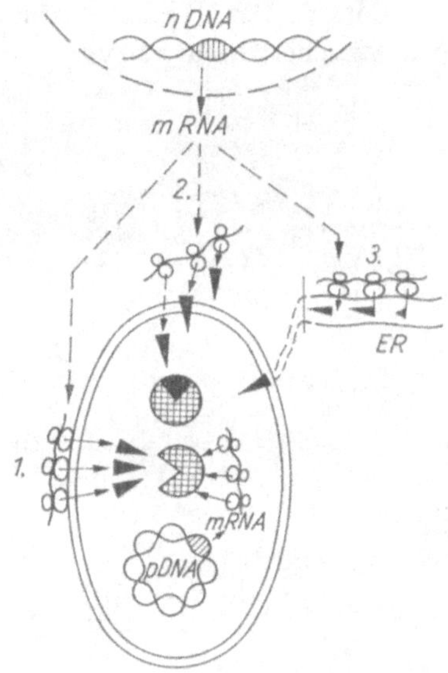

Abb. 10. Schematische Darstellung der Biosynthese von Ribulose-bisphosphat-Carboxylase im Chloroplasten aus ihren beiden Untereinheiten.
Die große Untereinheit (schraffiert) ist in der Plastiden-DNA (pDNA) codiert, die transkribierte mRNA wird an Chloroplasten-Ribosomen in das Polypeptid der großen Untereinheit übersetzt. Die kleine Untereinheit (schwarze Dreiecke) ist im Zellkern (nDNA) codiert und wird an Polysomen im Cytosol synthetisiert und anschließend durch die Chloroplastenhülle in die Organelle transportiert. Drei Möglichkeiten sind aufgezeichnet. ER = Endoplasmatisches Reticulum. (Aus PARTHIER (1978b))

Thylakoidmembranen beruhen auf einer scheinbar regellosen Einlagerung der Präkursoren in die bereits existierende Membran und lassen sich nicht durch Anfügen von Baustein-Blöcken erklären (Abb. 11).

Neben den Protein-Protein- bzw. Protein-Lipid-Wechselwirkungen, die bei der Biogenese funktionstüchtiger Enzyme und Membranen zur Photosynthese eine Rolle spielen, erhalten Protein-Nucleinsäure-Verbindungen eine besondere Bedeutung für alle Vorgänge, die für Reproduktion und Genausprägung der Chloroplasten Voraussetzung sind. Die Existenz solcher Ribonucleoproteid-

Komplexe gewinnt an Reiz dadurch, daß die Nucleinsäureanteile im Chloroplasten, die Proteinanteile jedoch im Cytoplasma synthetisiert werden. Das gilt z. B. für Transkriptionskomplex und Translationsapparat (Ribosomen).

Ein ähnliches Problem stellte sich uns, als wir vor einigen Jahren den Einleitungsschritt der Proteinbiosynthese, die Aktivierung von Aminosäuren und deren Übertragung auf Transfer-RNA (tRNA), in ergrünenden *Euglena*-Zellen näher zu untersuchen begannen. Der Reaktionsablauf (Abb. 12) ist durch sequentielle Interaktionen zwischen dem Enzym (Aminoacyl-tRNA-Synthe-

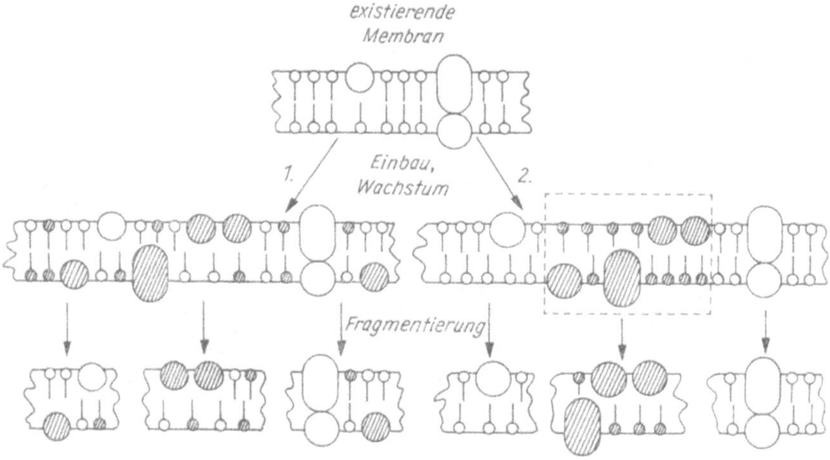

Abb. 11. Biogenese der Lipid-Protein-Membran der Thylakoide im Chloroplasten durch zwei verschiedene Möglichkeiten des Baustein-Einbaues.
Schraffiert: neue (markierte) Bausteine. Große Symbole = Proteine, kleine Symbole = Lipide. Links: Einbau nach Zufallsverteilung; rechts: Einbau nach Blockprinzip. (Aus Parthier (1978a))

tase (Aa-RS) und drei Substraten (Aminosäure, ATP, tRNA) gekennzeichnet, wobei die genauen molekularen Wechselwirkungen insbesondere zwischen dem Protein und der tRNA noch unklar sind. Sie zeichnen jedoch für die außerordentlich hohe tRNA-Substratspezifität des Einzelenzyms verantwortlich und sorgen dafür, daß der „Übersetzungsfehler“ während der Proteinbiosynthese kleiner als 10^{-4} ist (Loftfield und Vanderjagd 1972). In der Zelle liegen die hochmolekularen Reaktionspartner zu mehr als 90% als tRNA-Enzym-Komplex vor (Holler 1978).

Ich möchte hier auf Einzelheiten unserer Arbeiten verzichten, da die Ergebnisse in einer Reihe von Publikationen niedergelegt sind (u. a. Parthier 1973, 1976, 1978a, b; Parthier und Krauspe 1973, 1974, 1975; Parthier und

Neumann 1977; Parthier et al. 1972, 1975, 1978; Krauspe und Parthier 1973, 1974, 1975, 1976; Neumann und Parthier 1973; Nover 1977). Erwähnenswert für unser Thema erscheint daraus folgendes: Chloroplasten (wie Mitochondrien) besitzen ihren eigenen, vielleicht nicht ganz vollständigen Satz an Enzymen, um alle 20 proteinogenen Aminosäuren zu aktivieren und auf die 20 entsprechenden tRNA-Species zu transferieren. Die chloroplastenspezifischen Enzyme unterscheiden sich von ihren cytoplasmatischen Analoga nicht in ihren katalytischen Parametern, wohl aber in vielen physiko-chemi-

$$(1)\ Aa_x + ATP + Enzym_x \xrightleftharpoons{Mg^{++}} [Aa_x\text{-}AMP\text{-}E_x] + PP_i$$

$$(2)\ [Aa_x\text{-}AMP\text{-}E_x] + tRNA_x \longrightarrow Aa_x\text{-}tRNA + E_x + AMP$$

$$Aa_x + ATP + tRNA_x \longrightarrow Aa_x\text{-}tRNA + AMP + PP_i$$

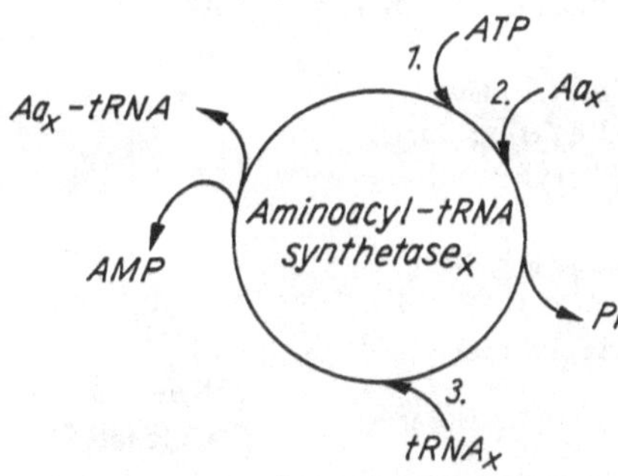

Abb. 12. Sequentielle Reaktionen der Aktivierung von Aminosäuren und deren Übertragung auf spezifische Transfer-RNA durch Aminoacyl-tRNA Synthetasen.
Aa, Aminosäure; Aa-tRNA, Aminoacyl-Transfer RNA; AMP, Adenosinmonophosphat ATP, Adenosintriphosphat; E, Enzym (Aminoacyl-tRNA-Synthetase); PP_i, Pyro-; phosphat. Index x steht für eine bestimmte Aminosäure.

schen Eigenschaften (Tab. 2), wodurch Untersuchungen zur Biosynthese und deren Regulation sehr erleichtert werden. Dagegen sind Chloroplasten- und Mitochondrien-Synthetasen für manche Aminosäuren sehr ähnlich, wenn nicht identisch. Die genetische Information für die Chloroplasten-Synthetasen liegt im Zellkern vor; ihre Übersetzung im Polypeptid findet an Polyribosomen des Cytosols statt, aber an der durch Licht induzierbaren Regulation der Enzymsynthese sind Vorgänge in Organellen und Cytoplasma beteiligt.

Damit wird eine enge Wechselbeziehung auf biogenetischer Ebene zwischen den Zellkompartimenten offensichtlich, die auf der funktionellen Ebene

Tabelle 2

Vergleich einiger Eigenschaften der in Organellen und Cytosol lokalisierten Leucyl-tRNA-Synthetasen von *Euglena gracilis*.

Eigenschaften	Organellen-Enzym (E1)	Cytosol-Enzym (E2)
Enzymkinetische:		
K_m-Wert für Leucin (10^{-5} M)	2.5	2.5
K_m-Wert für ATP (10^{-4} M)	8.0	8.0
Optimale ATP-Konz. (mM)	2.5	2.5
Optimale Mg^{++}-Konz. (mM)	7.5	7.5
Physiko-chemische und molekulare:		
tRNA-Spezifität	prokaryotisch	eukaryotisch
ATP—PP_i-Austausch stimuliert durch tRNA	+	—
Hitzestabilität in °C ($T_{1/2}$, 15 min)	52	44
Stabilitätsabfall durch Purinnucleotide	—	+
Irreversible Hemmung der Reaktion durch alkylierende und phosphorylierende ATP-Analoga	—	+
Hemmung der Reaktion durch K^+, NH_4^+	—	+
Elution von Hydroxylapatit (M PO_4^{3-})	0.05	0.18
Antigenreaktion gegen E1-Antikörper	+	+
Code-Ort (Mutanten)	Nucleus	Nucleus
Synthese-Ort (Inhibitoren)	Cytosol	Cytosol
Licht-stimulierte Induktion der *de novo*-Synthese	+	—

zwischen Enzym und tRNA ihre Fortsetzung findet, denn die in Cytosol erzeugten Enzyme müssen zu den im Chloroplasten synthetisierten und dort lokalisierten tRNA-Species gelangen, um aktivierte Aminosäuren für die chloroplasteneigene Proteinbiosynthese bereitzustellen. Es liegt nahe, einen Enzymtransport durch die Doppelhüllmembranen der Organellen anzunehmen, obgleich wir über den Mechanismus noch keine genauen Vorstellungen besitzen (vgl. S. 24). Die Situation wird noch komplizierter durch Ausnahmen; denn einige Synthetasen (z. B. für die Threonin- oder Alanin-Aktivierung) sind nicht in Chloroplasten nachweisbar, sondern die Beladung der chloroplastenspezifischen Thr- oder Ala-tRNAs geschieht durch eindeutig im Cytosol lokalisierte aminosäurespezifische Enzyme, die in diesen Fällen jedoch die tRNAs der Chloroplasten sowie des Cytosols beladen können. So ist denkbar, daß auch tRNA durch die Chloroplastenhülle transportiert werden kann (vgl. McCREA und HERSHBERGER 1978). Möglichkeiten solcher „Shuttle“-

Mechanismen im Transport der beiden Makromoleküle sind in Abbildung 13 skizziert.

Nach dem bisher Beschriebenen, und die zusammenfassende Illustration über die zellulären Biosyntheseorte einzelner Chloroplastenbestandteile (Abb. 14) bezeugt es, kann man die enge biogenetische und regulatorische Verzahnung zweier Systeme, eines prokaryotischen und eines eukaryotischen,

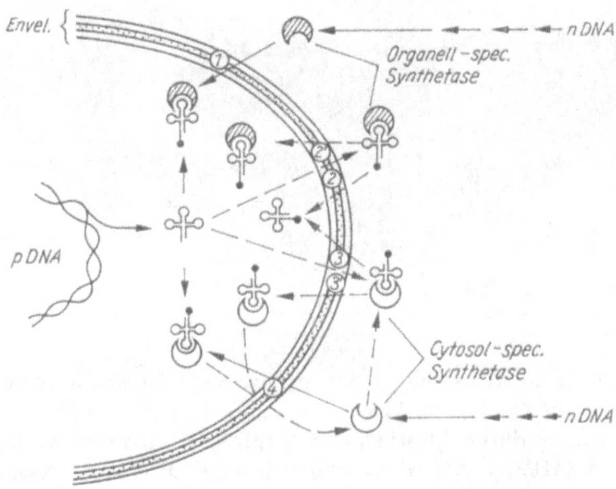

Abb. 13. Schematische Darstellung möglicher Transportvarianten von tRNA und Aminoacyl-tRNA-Synthetasen zwischen Cytosol und Chloroplast durch dessen Hüllmembranen.

Mit Aminosäure beladene tRNA (Kleeblatt-Muster) ist durch schwarzen Punkt gekennzeichnet. Von den 4 dargestellten Möglichkeiten besitzen 1 und 4 die größere Wahrscheinlichkeit, Erläuterungen s. Text. Envel. = Hüllmembranen (Doppelmembran) des Chloroplasten. Weitere Symbolik wie in Abb. 10 und 14.

im Prozeß der Organellenbiogenese analog den eingangs vorgestellten Beispielen als eine gut eingespielte intrazelluläre Symbiose betrachten, zu der die eukaryotische „Wirts"-Zelle den dominierenden Anteil beiträgt und die Biogenese des ursprünglichen Eindringlings weitgehend kontrolliert. Die Existenz einer Palette rezenter symbiontischer Assoziationen von Eukaryotenzellen mit Prokaryoten, sowie die Ergebnisse der vergleichenden Biochemie und Molekularbiologie, besonders Sequenzanalysen von RNA und Proteinen (Schwartz und Dayhoff 1978, Whatley et al. 1979, Taylor 1979, Parthier 1980) liefern überzeugende Argumente für die Annahme einer phylogenetischen Herkunft von Chloroplasten aus endosymbiontisch veränderten Blaualgen.

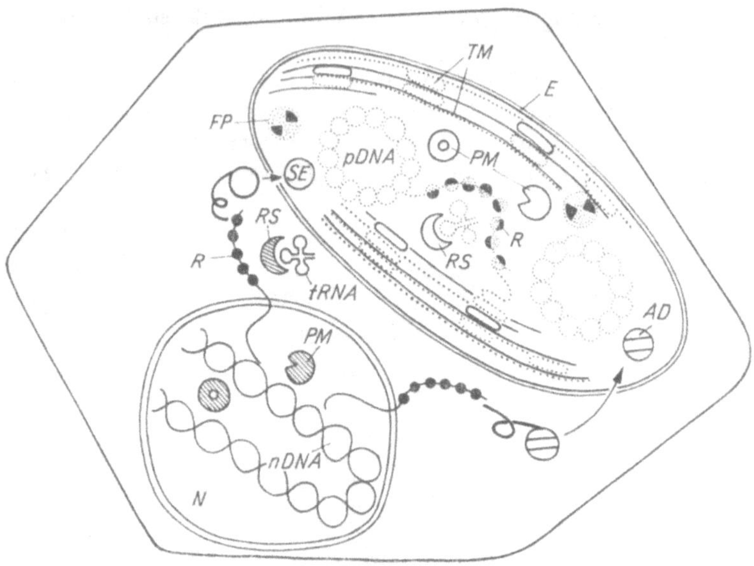

Abb. 14. Schematische Darstellung der genetischen Kontrolle von Chloroplasten-Bestandteilen durch Kern- und Organellen-DNA.
Gepunktet: Kontrolle durch Plastiden-DNA (pDNA); ausgezogene Linien: Kontrolle durch Kern-DNA (nDNA). AD, alkalische DNase; E, Hüllmembranen; FP, Ribulosebisphosphat-Carboxylase; PM, Nucleinsäurepolymerasen; R, Ribosomen; RS, Aminoacyl-tRNA-Synthetasen; SE, Stromaenzyme; TM, Thylakoidmembranen. Schraffierte Symbole bedeuten entsprechende Komponenten im Cytosol. (Nach PARTHIER (1975) verändert)

7. Zum Mechanismus des Transports von Makromolekülen durch Membranen

Der Makromolekül-Transport durch intrazelluläre Membranen steht heute im Brennpunkt der modernen cytologischen Forschung. Er besitzt einen hohen Stellenwert bei der Erforschung jener molekularen Mechanismen, die zum Entstehen einer Symbiose notwendig erscheinen. Alle Zellmembranen bilden Permeationsbarrieren, die von den Makromolekülen überwunden werden müssen. Dabei ist zu unterscheiden zwischen der Phase einer „Erkennung“ durch spezifische Bestandteile („Rezeptoren“) auf den Membranoberflächen und dem späteren, nicht notwendigerweise folgenden Schritt der Aufnahme von Makromolekülen oder noch größeren Aggregaten in das Zellinnere.

Die Erkennung der passenden, artspezifischen *Rhizobium*-Species durch die Leguminosenpflanze scheint auf einer Wechselwirkung zwischen einem „Erkennungs“-Protein und multivalenten Lektinen an der Oberfläche der

Wurzelhaare einerseits sowie Lipopolysacchariden der Bakterienwand andererseits zu beruhen (DAZZO und HUBBEL 1975). Ein solches Protein, das kürzlich als Trifoliin von *Rh. trifolii* isoliert wurde (DAZZO et al. 1978), soll wie eine Brücke die ähnlichen oder gar identischen determinanten Gruppen in den Glykoproteinen der Wurzelhaare und in den Lipolysacchariden der Bakterienzellwand verbinden (Abb. 15). Der spätere Aufnahmevorgang der Rhizobien wird mit Hilfe einer induzierten schlauchartigen Einstülpung der Wurzelzellen-Membran in die Rindenzellen ermöglicht, in dem dieser Infektionsschlauch im Zellinneren platzt. Bei anderen Symbiosen dürften jedoch auch phagozytotische bzw. endozytotische Mechanismen eine Rolle spielen, um den extrazellulären Organismus zu inkorporieren.

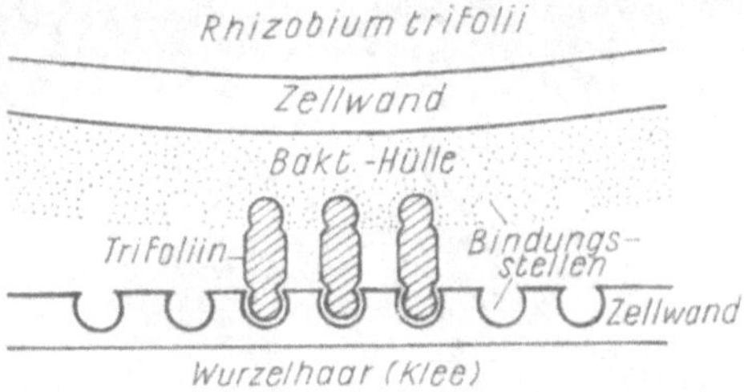

Abb. 15. Schematische Darstellung des Erkennungsmechanismus bei Infektion eines Wurzelhärchens vom Klee durch artspezifisches Knöllchenbakterium (*Rhizobium trifolii*).
Das Protein Trifoliin wirkt als „Brücke" zwischen Glykoproteinen auf der Oberfläche eines Wurzelhärchens und der Lipopolysaccharid-Hülle der Bakterienzellwand. Einzelheiten im Text. Nach DAZZO und HUBBEL (1975), verändert.

Die Mechanismen der Erkennung und Aufnahme von Makromolekülen durch Membranen innerhalb der Zelle sind wegen experimentellen Schwierigkeiten weniger gut studiert. Sogenannte Exportproteine, die in bestimmten Zellkompartimenten abgelagert werden oder dort als Enzyme fungieren, werden an Polyribosomen jener Membranen produziert (PALADE 1975), welche die Kompartimente selbst einschließen, im allgemeinen an Membranen des endoplasmatischen Reticulums (ER). Die Polypeptidkette durchwächst noch während des Proteinbiosyntheseprozesses die Membran und gelangt in das Lumen des ER oder des Kompartiments. Zuvor hatte eine „Signalsequenz" von etwa 10–25 hydrophoben Aminosäureresten am N-terminalen Ende des Polypeptids eine Rezeptorstelle auf der Membran „erkannt", an welcher das bereits die Signalsequenz tragende Ribosom mit der Membran in Verbindung tritt und wo das *in statu nascendi* befindliche Protein die Membran durchdringt (Abb. 16, A). Noch während dieser Infiltrationssynthese wird die N-terminale

Sequenz wieder abgetrennt durch ein Endopeptidase-Enzym, das mangels genauerer Charakteristik vorerst „Signalase“ genannt wird. Es scheint an die Innenseite der Membran gebunden zu sein.

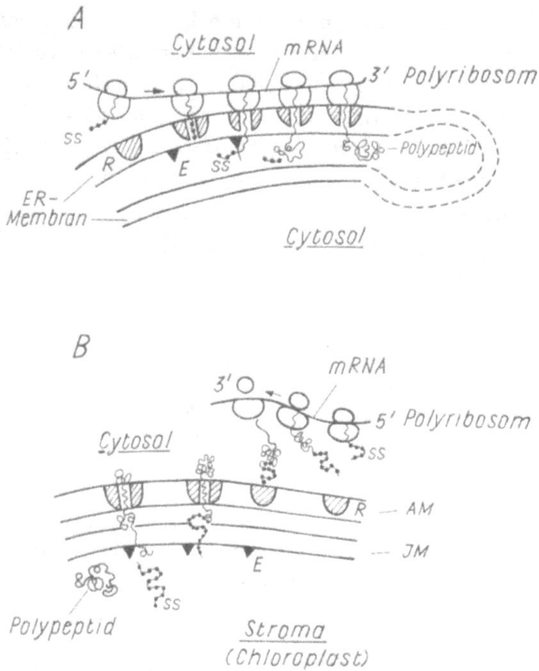

Abb. 16. Schematische Darstellung der „Signalhypothese“ (A) und der „Membranerkennungs-Hypothese“ (B) für den Transmembrantransport von Polypeptiden vom Syntheseort an Polyribosomen im Cytosol.
ER, endoplasmatisches Reticulum; mRNA, messenger-RNA; E, Endopeptidase („Signalase“); R, Rezeptor-(Erkennungs)-Protein der Membran; SS, Signalsequenz; AM, Außenmembran; IM, Innenmembran der Chloroplastenhülle.
Bei A werden die Polypeptide synthetisierenden Polyribosomen an der Außenfläche der ER-Membranen angeheftet, wobei die SS in eine Wechselwirkung mit der Membran tritt (evtl. mit Rezeptorproteinen, R). Die Polypeptide gelangen während ihrer Synthese (co-translational) in das Lumen der beiden ER-Membranen, das sich zisternenartig erweitern kann und als Speicherort für diese Sekretproteine dienen kann.
Bei B werden Polypeptide für den Chloroplasten an freien Polyribosomen im Cytosol synthetisiert, die nachträglich (post-translational) evtl. über einen spezifischen Erkennungsmechanismus zwischen SS und Rezeptorproteinen an der Außenmembran des Chloroplasten in diesen hinein gelangen.
Die Pfeile geben die Syntheserichtung am Polysomen an. Weitere Einzelheiten im Text. Verändert nach BLOBEL und DOBBERSTEIN (1975) sowie DOUCE und JOYARD (1978)

Mit dieser „Signalhypothese“ eines co-translationalen Proteintransports (BLOBEL und DOBBERSTEIN 1975) ist allerdings die Aufnahme von Organellenproteinen, die im Cytosol synthetisiert werden, schwerlich zu erklären. Ihr Transport geschieht post-translational. Auf der Oberfläche der Hüllmembranen von Chloroplasten und Mitochondrien werden Ribosomen bzw. Polyribosomen nicht gefunden; die Synthese von höhermolekularen Vorstufenproteinen (Präproteinen oder Proenzymen) findet an freien Polyribosomen im Cytosol statt. Im Falle der kleinen Untereinheit der Ribulose-bisphosphat-Carboxylase (vgl. S. 17) ist die Vorstufe um 44, vor allem apolare Aminosäuren länger als das reife Protein (DOBBERSTEIN et al. 1977, HIGHFIELD und ELLIS 1978, CHUA und SCHMIDT 1978). Die spezifische proteolytische Verkürzung findet wahrscheinlich während des Durchtritts durch die Chloroplastenhülle im Stroma der Organellen statt (Abb. 16, B). Da nur die Vorstufenproteine transportiert werden und reife nicht mehr, wird angenommen, daß eine Funktion der „Signalsequenz“ die Erkennung von spezifischen Rezeptoren an der Organellenhülle sein könnte.

Andere Möglichkeiten des Proteintransports, an denen Membrantransformationen beteiligt sind, z. B. Pinocytose und Endocytose, können zur Zeit nicht ausgeschlossen werden. Auch sie werden für die Penetration der Proteine durch die Innenmembran der Organellenhülle in Betracht gezogen (DOUCE und JOYARD 1978).

Die Wechselwirkungen zwischen den Zellmembranen untereinander sowie zwischen Membranen und Wirkstoffen wie Hormonen, Arzneimitteln usw. haben das erkenntnistheoretische Stadium längst überschritten und werden zukünftig noch mehr als bisher in vielfältigen praktischen Anwendungen auftauchen.

8. Literaturverzeichnis

BARRACLOUGH, R., and J. R. ELLIS: The biosynthesis of ribulose bisphosphate carboxylase. Uncoupling of the synthesis of the large and small subunits in isolated soybean leaf cells. Eur. J. Biochem. **94**, 165—177 (1979).

BERINGER, J. E., N. BREWIN, A. W. B. JOHNSTON, H. M. SCHULMAN, and D. A. HOPWOOD: The *Rhizobium*-legume symbiosis. Proc. R. Soc. Lond. B **204**, 219—233 (1979).

BLOBEL, G., and B. DOBBERSTEIN: Transfer of proteins across membranes. J. Cell Biol. **67**, 835—851 (1975).

BÖRNER, T., and R. HAGEMANN: Die Evolution der eukaryotischen Zelle. Hypothesen zur Entwicklung von Chloroplasten, Mitochondrien und Zellkern der Eukaryoten-Zelle. Biol. Rundsch. **14**, 249—268 (1976).

BUDER, J.: *Chloronium mirabile*. Ber. dtsch. bot Ges. **31**, (80) — (97) (1913).

CHUA, N. H., and SCHMIDT, G. W.: Post-translational transport into intact chloroplasts of a precursor to the small subunit of ribulose-1,5-bisphosphate carboxylase. Proc. Natl. Acad. Sci. USA **75**, 6110–6114 (1978).

CUTTING, J. A., and H. M. SCHULMAN: The biogenesis of leghemoglobin. The determinant in the *Rhizobium*-legume symbiosis for leghemoglobin specificity. Biochim. Biophys. Acta **229**, 58–62 (1971).

DAZZO, F. B., and D. H. HUBBELL: Cross-reactive antigens and lectin as determinants of symbiotic specificity in the *Rhizobium*-clover association. Appl. Microbiol. **30**, 1017–1033 (1975).

DAZZO, F. B., W. E. YANKE, and W. J. BRILL: Trifoliin: a *Rhizobium* recognition protein from white clover. Biochim. Biophys. Acta **539**, 276–286 (1978).

DE BARY, A.: Die Erscheinung der Symbiose. Straßburg 1879.

DOBBERSTEIN, B., BLOBEL, G., and CHUA, N. H.: In vitro synthesis and processing of a putative precursor for the small subunit of ribulose-1,5-bisphosphate carboxylase of *Chlamydomonas reinhardtii*. Proc. Natl. Acad. Sci. USA **74**, 1082–1085 (1977).

DOUCE, R., and J. JOYARD: Importance of the envelope in chloroplast biogenesis. In: Chloroplast Development (Edit. G. AKOYUNOGLOU, et al.), pp. 283–296. Elsevier Publ. Co., Amsterdam 1978.

ELLIS, R. J.: Protein synthesis by isolated chloroplasts. Biochim. Biophys. Acta **463**, 185–215 (1977).

EVANS, H. J., and L. E. BARBER: Biological nitrogen fixation for food and fiber production. Science **197**, 332–340 (1977).

GOLDMAN, B. M., and G. BLOBEL: Biogenesis of peroxisomes: Intracellular sites of synthesis. Proc. Nat. Acad. Sci. USA **75**, 5066–5070 (1978).

GUNNING, B. E. S., and M. W. STEER: Biologie der Pflanzenzelle. Fischer-Verlag, Jena 1977.

HIGHFIELD, P. E., and R. J. ELLIS: Synthesis and transport of the small subunit of chloroplast ribulose bisphosphate carboxylase. Nature (Lond.) **271**, 420–424 (1978).

HOLLER, E.: Proteinbiosynthese: Die codonspezifische Aktivierung von Aminosäuren. Angew. Chemie **90**, 682–690 (1978).

HOOBER, J. K., and W. J. STEGEMAN: Kinetics and regulation of synthesis of the major polypeptides of thylakoid membranes in *Chlamydomonas reinhardtii* y-1 at elevated temperatures. J. Cell Biol. **70**, 326–337 (1976).

KRAUSPE, R., and B. PARTHIER: Chloroplast and cytoplasm specific aminoacyl-transfer ribonucleic acid synthetases of *Euglena gracilis*: Separation, characterization and site of synthesis. Biochem. Soc. Symp. **38**, 111–135 (1973).

KRAUSPE, R., and B. PARTHIER: Chloroplast and cytoplasmic aminoacyl-tRNA synthetases of *Euglena gracilis*. Biochem. Physiol. Pflanzen **165**, 18–36 (1974).

KRAUSPE, R., and B. PARTHIER: Influence of purine nucleotides on the heat-stability of aminoacyl-tRNA synthetases. Biochem. Physiol. Pflanzen **168**, 257–266 (1975).

KRAUSPE, R., and B. PARTHIER: Zur Regulation der Synthese plastidenspezifischer Aminoacyl-tRNA-Synthetasen in *Euglena gracilis*. Acta histochem. Suppl. **17**, 129–139 (1976).

LIEBERS, H., and B. PARTHIER: Synthese der Lamellarproteine in Chloroplasten ergrünender *Euglena gracilis*. Biochem. Physiol. Pflanzen **165**, 517–530 (1974).

LOFTFIELD, R. B., and D. VANDERJAGD: The frequency of errors in protein biosynthesis. Biochem. J. **128**, 1353–1356 (1972).

MACHOLD, O., and O. AURICH: Sites of synthesis of chloroplast lamellar proteins in *Vicia faba*. Biochim. Biophys. Acta **281**, 103–112 (1972).

MARGULIS, L.: Origin of eukaryotic cells. New Haven, Yale Univ. Press, 1970.

MATILE, Ph.: The Lytic Compartment of Plant Cells. Cell Biol. Monographs, Vol. **1**, Springer-Verl., Wien–New York 1975.

MCCREA, J. M., and C. L. HERSHBERGER: Chloroplast DNA codes for tRNA from cytoplasmic polyribosomes. Nature **274**, 717–719 (1978).

METZNER, H.: Die Zelle — Elementarorganismus oder Symbiose? Naturwissenschaften **60**, 507–515 (1973).

MOHR, H., and P. SCHOPFER: Lehrbuch der Pflanzenphysiologie. 3. Aufl. Springer, Berlin–Heidelberg–New York 1978.

NEUMANN, D., M. ACKERMANN, and F. JACOB: The fine structure of the endosymbiontic blue-green algae in *Gunnera chilensis* LAM. Biochem. Physiol. Pflanzen **161**, 483–498 (1970).

NEUMANN, D., and B. PARTHIER: Effects of nalidixic acid, chloramphenicol, cycloheximide, and anisomycin on structure and development of plastids and mitochondria in greening *Euglena gracilis*. Exp. Cell Res. **81**, 255–268 (1973).

NOVER, L.: Density labeling of chloroplast-specific leucyl-tRNA synthetase in greening cells of *Euglena gracilis*. Plant Sci. Letters **7**, 403–407 (1976).

OHAD, I.: Biogenesis of chloroplast membranes. In: Membrane Biogenesis (Edit. A. TZAGALOFF), pp. 279–350. Plenum Press, New York & London 1975.

PALADE, G.: Intracellular aspects of the process of protein synthesis. Science **189**, 347–358 (1975).

PARTHIER, B.: Cytoplasmic site of synthesis of chloroplast aminoacyl-tRNA synthetases in *Euglena gracilis*. FEBS Letters **38**, 70–74 (1973).

PARTHIER, B.: Zur Evolution von Chloroplasten und Mitochondrien. Nova Acta Leop. NF **42**, 223–239 (1975).

PARTHIER, B.: Lichtabhängige Transformation von Proplastiden zur Chloroplasten. Acta histochem. Suppl. **17**, 77–93 (1976).

PARTHIER, B.: Licht-induzierte Transformation von Proplastiden zu Chloroplasten in Algen und höheren Pflanzen. In: Zelldifferenzierung — Molekulare Grundlagen und Probleme (Edit. L. NOVER, M. LUCKNER, and B. PARTHIER), pp. 210–259, Jena 1978a.

PARTHIER, B.: Compartment cooperation in the synthesis of chloroplast proteins. In: Proc. Internat. Conf. Regulat. Plant Devel. Halle, (Edit. H. R. SCHÜTTE, and D. GROSS) pp. 136–158. Jena 1978b.

PARTHIER, B.: Die biologische Fixierung des atmosphärischen Stickstoffs. Biol. Rundsch. **16**, 345–364 (1978c).

PARTHIER, B.: Evolutionary aspects of gene expression organisation in macro-compartments. In: Proceed. Leopold. Symp. on Compartentation and Metabolic Chanelling (Edit. L. NOVER, F. LYNEN, and K. MOTHES), pp. 107–121. Fischer, Jena 1980.

PARTHIER, B., and R. KRAUSPE: Assignment to chloroplast and cytoplasm of three *Euglena gracilis* aminoacyl-tRNA synthetases with ambiguous specificity for transfer RNA. Plant Sci. Lett. **1**, 221–227 (1973).

PARTHIER, B., and R. KRAUSPE: Chloroplast and cytoplasmic transfer RNA of *Euglena gracilis*. Biochem. Physiol. Pflanzen **165**, 1–17 (1974).

PARTHIER, B., and R. KRAUSPE: Specificity and synthesis of plastid-specific aminoacyl-tRNA synthetases in *Euglena gracilis*. Colloqu. Internat. CNRS **240**, 233–239 (1975).

PARTHIER, B., R. KRAUSPE, D. MUNSCHE, and R. WOLLGIEHN: The biogenesis of chloroplasts. In: The Chemistry and Biochemistry of Plant Proteins (Edit. J. B. HARBORNE, and C. F. VAN SUMERE) pp. 167–210. Academic Press, London and New York 1975.

PARTHIER, B., R. KRAUSPE, S. SAMTLEBEN: Light-stimulated synthesis of aminoacyl-tRNA synthetases in greening *Euglena gracilis*. Biochim. Biophys. Acta **277**, 335–341 (1972).

PARTHIER, B., F. MUELLER-URI, and R. KRAUSPE: The aminoacyl-tRNA synthetases of *Euglena* chloroplasts. In: Chloroplast Development (Edit. G. AKOYUNOGLOU et al.), pp. 687–693. Elsevier, Amsterdam 1978.

PARTHIER, B., and D. NEUMANN: Structural and functional analysis of some plastid mutants of *Euglena gracilis*. Biochem. Physiol. Pflanzen **171**, 547–562 (1977).

PASCHER, A.: Über einige Endosymbionten von Blaualgen in Einzellern. Jahrb. wiss. Bot. **71**, 386–462 (1929).

SACHS, J.: Vorlesungen über Pflanzenphysiologie. 2. Aufl. Engelmann, Leipzig 1887.

SCHAEDE, R.: Die pflanzlichen Symbiosen. Fischer, Stuttgart 1962.

SCHENK, H. E. A.: Inwieweit können biochemische Untersuchungen der Endocyanosen zur Klärung der Plastiden-Entstehung beitragen? Arch. Protistenkunde **119**, 274–300 (1977).

SCHNEPF, E., and R. M. BROWN: On the relationship between endosymbiosis and the origin of plastids and mitochondria. In: Results and Problems in Cell Differentiation (Edit. J. REINERT, and H. URSPRUNG) **2**, 299–322 (1971).

SCHOPFER, P., D. BAJRACHARYA, R. BERGFELD, and H. FALK: Phytochrome-mediated transformation of glyoxysomes into peroxisomes in the cotyledons of mustard (*Sinapis alba*) seedlings. Planta **133**, 73–80 (1976).

SCHWARTZ, R. M., and M. O. DAYHOFF: Origins of prokaryotes, eukaryotes, mitochondria, and chloroplasts. Science **199**, 395–403 (1978).

SCHWEMMLER, W.: Mechanismen der Zellevolution. De Gruyter, Berlin–New York 1979.

SITTE, P.: Die lebende Zelle als System, Systemelement und Übersystem. Nova Acta Leopold. N. F. **47**, 195–216 (1978).

SMITH, D. C.: From extracellular to intracellular: the establishment of a symbiosis. Proc. R. Soc. Lond. B **204**, 115–130 (1979).

TAYLOR, F. J. R.: Autogenous theories of the origin of eukaryotes. Taxon **25**, 377–390 (1976).

TRENCH, R. K.: Of "leaves that crawl": Functional chloroplasts in animal cells. Symp. Soc. Exp. Biol. **29**, 229–265 (1975).

TRENCH, R. K., R. R. POOL, M. LOGAN, and A. ENGELLAND: Aspects of the relation between *Cyanophora paradoxa* and its endosymbiotic cyanelles *Cyanophyta korschikoffiana*. I. Growth, ultrastructure, photosynthesis and the obligate nature of the association. Proc. R. Soc. Lond. B **202**, 423–443 (1978).

VERMA, D. P. S., and A. K. BAL: Intracellular site of synthesis and localization of leghemoglobin in root modules. Proc. Nat. Acad. Sci. USA **73**, 3843–3848 (1976).

WHATLEY, J. M., P. JOHN, and F. R. WHATLEY: From extracellular to intracellular: the establishment of mitochondria and chloroplasts. Proc. R. Soc. Lond. B **204** 165–187 (1979).

WUNDERLICH, F.: Fusion von Biomembranen. Biol. in unserer Zeit **8**, 169–179 (1978)

SITZUNGSBERICHTE DER SÄCHSISCHEN AKADEMIE DER WISSENSCHAFTEN ZU LEIPZIG

MATHEMATISCH-NATURWISSENSCHAFTLICHE KLASSE

Band 109

Heft 1 Prof. Dr. ERICH RAMMLER, Über die Theorien der Braunkohlenbrikettentstehung
1970. 38 Seiten – 13 Abb., davon 2 auf 2 Tafeln – 8° – M 4,–

Heft 2 Prof. Dr. WOLFGANG TUTSCHKE, Stammfunktionen komplexwertiger Funktionen
1970. 20 Seiten – 8° – M 3,70

Heft 3 Dr. habil. GÜNTHER EISENREICH, Zur Syzygientheorie und Theorie des inversen Systems perfekter Ideale und Vektormodule in Polynomringen und Stellenringen 1970. 88 Seiten – 8° – M 10,80

Heft 4 Prof. Dr. med. ROLF EMMRICH, Hochdruck und Hyperlipidämie (Hypercholesterinämie) als Risikofaktoren für die Entstehung der Arteriosklerose
1971. 23 Seiten – 10 Abbildungen – 4 Tabellen – 8° – M 3,90

Heft 5 Prof. Dr. HANS DRISCHEL, Biologische Rhythmen
1972. 57 Seiten – 31 Abbildungen – 1 Tabelle – 8° – M 6,60

Heft 6 Prof. Dr.-Ing. Dr. h. c. KURT SCHWABE, Konzentrierte Elektrolytlösungen – Thermodynamische und kinetische Eigenschaften 1972. 49 Seiten – 27 Abbildungen – 2 Tabellen – 8° – M 7,50

Heft 7 Prof. Dr. WOLFGANG TUTSCHKE, Konstruktion von globalen Lösungen mit vorgeschriebenen Singularitäten bei partiellen komplexen Differentialgleichungssystemen 1972. 24 Seiten – 8° – M 4,50

Band 110

Heft 1 Prof. Dr. h. c. PAUL GÖRLICH, Über die Laser und ihre Anwendung
1972. 24 Seiten – 8° – M 2,30

Heft 2 Prof. Dr. HASSO ESSBACH, Zum Problem der Tumoren im Kindesalter
1972. 24 Seiten – 11 Abbildungen auf 10 Kunstdrucktafeln – 8° – M 6,–

Heft 3 Prof. Dr. med. WALTER BREDNOW, Zur Anthropologie des Schwindels
1973. 17 Seiten – 2 Abbildungen auf 2 Kunstdrucktafeln – 8° – M 2,50

Heft 4 Prof. Dr. h. c. PAUL GÖRLICH, Betrachtungen über den Wissenschaftlichen Gerätebau
1972. 39 Seiten – 8° – M 3,–

Heft 5 Prof. Dr. ERICH RAMMLER, Einige Betrachtungen über Erdgas
1974. 43 Seiten – 8 Abbildungen – 3 Tabellen – 8° – M 4,50

Heft 6 Prof. Dr. GUSTAV E. R. SCHULZE, Zur Rolle des Einfachheitsprinzips im physikalischen Weltbild
1974. 23 Seiten – 4 Abbildungen – 8° – M 2,50

Heft 7 Prof. Dr. med. ROLF EMMRICH, Zwischen Leben und Tod. Ärztliche Probleme der Thanatologie
1974. 22 Seiten – 2 Abbildungen – 4 Tabellen – 8° – M 3,50

Band 111

Heft 1 Prof. Dr. WILHELM MAIER, Vom Erbe Bernhard Riemanns 1975. 16 Seiten – 8° – M 2,50

Heft 2 Prof. Dr. med. HANS DRISCHEL, Organismus und geophysikalische Umwelt
1975. 50 Seiten – 25 Abbildungen – 1 Tabelle – 8° – M 7,–

Heft 3 Prof. Dr. MARIA HASSE, Zum Begriff des allgemeinen Produkts von Kategorien
1975. 32 Seiten – 8° – M 5,–

Heft 4 Prof. Dr.-Ing. Dr. h.c. KURT SCHWABE, Analytische Probleme des Umweltschutzes
1975. 28 Seiten – 9 Abbildungen – 2 Tabellen – 8° – M 3,50

Heft 5 Prof. Dr. WOLFGANG BUCHHEIM, Die kopernikanische Wende und die Gravitation
1975. 36 Seiten – 2 Farbtafeln – 8° – M 5,–

Heft 6 Prof. Dr. HERMANN BERG, Photopolarographie und Photodynamic
1975. 19 Seiten – 2 Abbildungen – 2 Tabellen – 8° – M 3,–

Heft 7 Prof. Dr. MANFRED GERSCH, Probleme der Insektizide aus heutiger Sicht
1976. 36 Seiten – 9 Abbildungen – 2 Tabellen – 8° – M 4,–

Band 112

Heft 1 Prof. Dr. WALTER BREDNOW, Spiegel, Doppelspiegel und Spiegelungen – eine „wunderliche Symbolik" Goethes
1975. 28 Seiten – 4 Abbildungen – 8° – M 3,–

Heft 2 Prof. Dr. ARTUR LÖSCHE, Über negative absolute Temperaturen. Eine Einführung
1976. 26 Seiten – 12 Abbildungen – 8° – M 4,–

Heft 3 Prof. Dr. med. HERBERT JORDAN, Kurorttherapie: Prinzip und Probleme
1976. 31 Seiten – 10 Abbildungen – 1 Tabelle – 8° – M 4,50

Heft 4 Prof. Dr. FRIEDRICH WOLF/Dr. PETER FRÖHLICH, Zur Druckabhängigkeit von Ionenaustauschreaktionen
1977. 13 Seiten – 6 Abbildungen – 1 Tabelle – 8° – M 2,–

Heft 5 Prof. Dr. DIETRICH UHLMANN, Möglichkeiten und Grenzen einer Regenerierung geschädigter Ökosysteme
1977. 50 Seiten – 20 Abbildungen – 2 Tabellen – 8° – M 6,50

Heft 6 Prof. Dr. ERICH RAMMLER, Zwei Jahrzehnte Entwicklung des Einsatzes der Energieträger Kohle und Erdöl im Weltmaßstab
1977. 29 Seiten – 6 Abbildungen – 4 Tabellen – 8° – M 4,–

Heft 7 Prof. Dr. ULRICH FREIMUTH, Umweltprobleme in der Ernährung
1977. 32 Seiten – 3 Abbildungen – 4 Tabellen – 8° – M 4,–

Band 113

Heft 1 Prof. Dr. ERICH LANGE, Allgemeingültige Veranschaulichung des II. Hauptsatzes
1978. 22 Seiten – 10 graph. Darst. – 8° – M 4,–

Heft 2 Prof. Dr. HERBERT BECKERT, Bemerkungen zur Theorie der Stabilität
1977. 19 Seiten – 8° – M 2,50

Heft 3 Prof. Dr. sc. KLAUS DÖRTER, Probleme und Erfahrungen bei der Entwicklung einer intensiven landwirtschaftlichen Produktion im Landschaftsschutzgebiet des Harzes
1978. 20 Seiten – 6 Abbildungen, davon 4 farbige auf 2 Tafeln – 2 Tabellen – 8° – M 7,–

Heft 4 Prof. Dr. sc. med. HANS DRISCHEL, Elektromagnetische Felder und Lebewesen
1978. 31 Seiten – 14 Abbildungen – 2 Tabellen – 8° – M 5,–

Heft 5 Prof. Dr. MANFRED GERSCH, Wachstum und Wachstumsregulatoren der Krebse. Biologische Erkenntnisse und generelle Erwägungen.
1979. 32 Seiten – 13 Abbildungen – 1 Tabelle – 8° – M 6,–

Heft 6 Prof. Dr. rer. nat. FRIEDRICH WOLF / Dr. rer. nat. URSULA KOCH, Über den Einfluß der chemischen Struktur von Dispersionsfarbstoffen auf deren Dispersionsstabilität
1979. 18 Seiten – 3 Abbildungen – 10 Tabellen – 8° – M 3,50

Heft 7 Prof. Dr. rer. nat. FRIEDRICH WOLF / Dr. rer. nat. WOLFGANG HEYER. Zur Sorption an Tetracalciumaluminathydroxysalzen

Band 114

Heft 1 Prof. Dr. HASSO ESSBACH, Morphologisches zur orthologischen und pathologischen Differenzierung und zum Anpassungs- und Abwehrvermögen der menschlichen Placenta
1980. 19 Seiten – 12 Abbildungen – 8° – M 4,–

Heft 2 Prof. Dr. med. WERNER RIES, Risikofaktoren des Alterns aus klinischer Sicht
1980. 19 Seiten – 9 Abbildungen, davon 1 Abbildung auf Tafel – 8° – M 4,–

Heft 3 Prof. Dr. Ott-Heinrich Keller, Anschaulichkeit und Eleganz beim Alexanderschen Dualitätssatz 1980. 19 Seiten – 8° – M 4,–

Heft 4 Prof. Dr. rer. nat. Benno Parthier, Die cytologische Symbiose am Beispiel der Biogenese von Zellorganellen *Vorliegendes Heft*

Heft 5 Prof. Dr. F. Wolf / Dr. S. Eckert / Dr. M. Weise / Dr. S. Lindau, Untersuchungen zur Synthese und Anwendung bipolarer Ionenaustauschharze *In Vorbereitung*

Band 115

Heft 3 Prof. Dr. Paul Görlich, Die geschichtliche Entwicklung des wissenschaftlichen Gerätebaus und seine zukünftige Bedeutung *In Vorbereitung*

Heft 4 Prof. Dr. Wolfgang Buchheim, Albert Einstein als Wegbereiter nachklassischer Physik *In Vorbereitnng*

Einzel- oder Fortsetzungsbestellungen durch eine Buchhandlung erbeten

Sitzungsberichte bis Band 108
durch das Zentralantiquariat der Deutschen Demokratischen Republik, Leipzig,
ab Band 109 durch den Akademie-Verlag, Berlin, zum Teil noch lieferbar

AKADEMIE-VERLAG

DDR-1080 Berlin, Leipziger Straße 3–4

FSC
www.fsc.org
MIX
Papier | Fördert gute Waldnutzung
FSC® C083411

Zeitfracht Medien GmbH
Ferdinand-Jühlke-Straße 7
99095 Erfurt, Deutschland
produktsicherheit@kolibri360.de